ひとりぶんのスパイスカレー

10分鐘 × 3 步驟 × 3 香料
的常備咖哩

小份量也OK！
45道省時又簡單的美味咖哩，
讓 **新手** **一人** 也能輕鬆上桌

印度咖哩子 著 　林姿呈 譯

序言

「一個人住很難煮咖哩,每次都要準備好多食材,烹煮時間又長,而且一煮就是一大鍋……。」
這類煩惱十分常見。
也有人說,每次用咖哩塊,味道都一樣,容易膩,想買香料又不知道該如何搭配,有的人則是怕辣不敢吃……。

這些常見煩惱,靠3種香料就能解決。
食材單純,只需快速拌炒,一人份咖哩立即上桌。
雖然簡單快速,但保證每次都能享受不同口味的咖哩,也能依喜好在不辣與大辣之間調整辛辣程度,是香料咖哩的最大魅力。

本書是一本食譜驚喜包,讓你馬上做出一人份咖哩,每天都能大快朵頤。

就算是香料新手,也竭誠歡迎!
這是一本熱愛咖哩的單身女子,專為獨居生活打造的咖哩食譜。
當然,不是獨自生活的讀者,也能為自己或家人特製一人獨享的香料咖哩。

我在19歲第一次接觸到香料後,便幾乎每天自己煮咖哩,上課帶去學校的便當,也清一色都是咖哩。每天早上煮咖哩,是我最幸福的時光。

從香料製作的咖哩,不論使用何種食材,都能完美大變身,而且完全不加麵粉或添加物,還能顧及身體健康,讓人忍不住想天天吃咖哩。接下來,就讓我與你分享不藏私的美味食譜。

10分鐘X3步驟X3香料的
常備咖哩

Contents
目次

part 1
咖哩 製作程序
..... 16

part 2
肉類咖哩
..... 42

part 3
蔬菜‧豆類咖哩
·····70

part 4
海鮮咖哩
·····90

10分鐘X3步驟X3香料的
常備咖哩

10分鐘X3步驟X3香料的常備咖哩

開始製作前

香料咖哩擁有獨具香料辛香的異國風味。而你是否也以為，不用市售咖哩塊，全程使用香料做成的香料咖哩，只有在餐廳才吃得到？「畢竟一般家庭不會準備那麼多種香料，而且香料調配感覺好難。再說，香料咖哩要怎麼做？」，總而言之，自製香料咖哩，可說是咖哩愛好者的夢想。

「希望在家也能輕鬆享受美味的香料咖哩！」，本書《10分鐘X3步驟X3香料的常備咖哩》的誕生，就是為了滿足咖哩愛好者的願望，而且書中只用了3種香料，食譜簡單，只要做過一、兩次，就能駕輕就熟。

本書最大的突破，在於可以輕鬆製作一人份咖哩。就算獨自一人吃飯，也不用再望著四人份食譜興嘆，非得煮一大鍋咖哩，早中晚都吃同一道食物。當然，只要按倍數增加份量，也能輕鬆變化出兩人份、四人份，甚至更多人份的咖哩。

另一個突破重點是，本書的香料咖哩可以預製保存。只需預先做好咖哩基底的「咖哩醬」，便可以在嘴饞的時候快速烹飪，隨時享用正宗的香料咖哩！讓人隨心所欲實現如此夢幻般的咖哩生活，才是本書真正厲害的地方。

相信當你每翻過一頁，就愈能深入了解「一人份香料咖哩」的獨到美味，為之著迷，忍不住立即動手製作香料咖哩。

食譜
小叮嚀

● 大匙容量15㎖，小匙5㎖。

● 平底鍋的厚度及材質都會影響熱傳導及水分蒸發，因此食譜中的翻炒及蒸煮時間僅為參考，請依實際情況適度調整。

● 食譜頁面的小插畫僅顯示①咖哩醬②喜愛的食材③湯底，並未標示出所有食材。

好處多更多！

非常簡單！

一人份香料咖哩的基本作法就是先炒後煮，只要備齊食材，大約10分鐘即可上桌。

出乎意外地健康！

比起一般咖哩，用油量較少是最大亮點，而且可搭配各種食材，輕鬆攝取多種營養素！

CP值超高！

食譜單純，不易有廚餘，所以不會造成浪費。使用的食材大多便於冷凍保存，可以事先採購。

食譜變化無限！

除了書中所介紹的食譜，亦可依個人喜好組合搭配，無限應用，輕鬆做出創意咖哩。

可以預製保存！

預先製作本書最重要的基底「咖哩醬」，就能隨時享受一人份香料咖哩。

美味無懈可擊！

食材及作法超級簡單，美味卻不同凡響！而這也是一人份香料咖哩的最大魅力。

換言之

就算只有一人份
也絕對道地！

咖哩醬

一人份香料咖哩的必備品,可用於所有咖哩,相當於市售咖哩塊的功能。只需事先製作保存,便能隨時享受心愛的香料咖哩。

食材

可依喜好挑選食材,肉類、海鮮、蔬菜樣樣行。無論搭配何種食材,都能做出美味單品,這正是一人份香料咖哩的魅力所在!

湯底

湯底指的是煮咖哩時額外添加的水分,除了水以外,還包括牛奶、優格、椰奶*、鮮奶油等,使用不同湯底,可製作各種風味的咖哩。

*市面上有椰奶(coconut milk)與椰漿(coconut cream)之分,後者脂肪含量較高,質地濃稠似鮮奶油。

10分鐘X3步驟X3香料的常備咖哩

單純的美味架構

一人份香料咖哩，只需準備以下3種材料：

❶ 咖哩醬
❷ 喜愛的食材
❸ 湯底

舉例來說，以水和椰奶做湯底，加入咖哩醬和雞翅腿，即可做出本頁圖片中的椰香咖哩雞。善用❷與❸的隨意組合，就能做出多種變化，盡情享受肉類咖哩、蔬菜咖哩、海鮮咖哩、爽口或濃郁類型等香料咖哩。

SPICE CURRY

煮咖哩行事曆
365

假日是煮咖哩醬的好日子

咖哩醬是書中所有咖哩的共同食材，可以預先製作。趁著假日空檔，多做一些咖哩醬，再以冷藏或冷凍保存，就能在心血來潮的時候，快速烹煮各式香料咖哩。

嘴饞當天就能立即動手煮最愛的咖哩

只要常備咖哩醬，大約10分鐘就能即刻上菜。不論是繁忙的早晨，還是夜晚忙碌一天後回家，都能輕鬆料理。不妨同時預備一些喜愛的食材及湯底！

10分鐘X3步驟X3香料的常備咖哩

廚房用具

一人份香料咖哩的另一個優點是少量廚房用具就可以製作。平底鍋、菜刀、砧板、鍋鏟、量匙都是必備用品,其他廚具則是有了更方便,沒有也無妨,所以無需額外添購新器材。用家中既有的烹飪器材,踏出自製咖哩的第一步。

平底鍋

自製咖哩醬或咖哩,建議使用鐵氟龍等不沾材質加工的平底鍋。製作咖哩醬大多使用直徑24公分的鍋子,一人份咖哩則適合使用18~20公分。

菜刀・砧板

使用家中現有的物品即可。咖哩醬的食材都必須先切碎再使用,因此建議準備一把順手好切的刀具。

量匙

請務必準備一把量匙，測量香料的份量。直接放入香料保存容器中，較方便使用，若在意湯匙染上香料顏色，不妨選用金屬材質。

量杯·量秤

一般常用量杯或量秤，可以準確測量食材份量。使用專用工具較不容易失誤，亦可用一般杯子替代，但即便是目測，香料咖哩也很少會失敗。

鍋鏟·料理長筷

鍋鏟是煮咖哩醬時的必備用具，建議挑選木製、竹製、矽膠製等耐熱材質的鍋鏟。煮咖哩時，可以用鍋鏟或料理長筷炒肉或炒蔬菜，順手好用就好。

食物保鮮袋·保存容器

用來保存煮好的咖哩醬。若要冷凍保存，建議使用可冷凍的器具。琺瑯或玻璃製的容器比較不容易染色或殘留氣味。

調理碗·淺盤

使用調理碗或淺盤盛放切好的洋蔥末等食材很方便，當然也可以使用一般盤子。

食材大致可分成兩種：煮咖哩醬的食材及咖哩用的食材。咖哩基底的咖哩醬食材十分單純，只需用到三種香料粉末，而且書中使用的份量全是1顆、1節、1小匙或1大匙等好記又好吃的「一」份食譜。煮咖哩時，於咖哩醬中添加肉、蔬菜、湯底即可完成。

10分鐘X3步驟X3香料的常備咖哩

食材

基本食材

洋蔥

1顆。洋蔥可說是咖哩美味的基礎，關鍵在於確實炒出洋蔥的甘甜與香氣。

番茄

1顆。建議使用成熟番茄，可賦予咖哩天然的甜味，亦可改用罐頭番茄。

蒜頭

1瓣。新鮮蒜頭的香氣非市售物可比擬，若使用市售條狀蒜泥醬，用量約3公分。

薑

1節。大小約與一瓣蒜頭相同，若使用市售薑泥，用量約3公分。

鹽

1小匙。使用家中常用的鹽即可。鹽的鹹度因種類而異，因此建議完成後試味道，調整鹹淡。

沙拉油

1大匙。可使用家中常用油或任何食用油，如菜籽油、米糠油、帶香氣的橄欖油等。

基本香料粉末

薑黃

1小匙。薑黃是一種鮮黃色香料，市售咖哩粉的主要成分，日文稱之為「鬱金」，主要作用在為咖哩上色，添增味道的厚度。

芫荽

1小匙。將香菜種子磨成粉狀的香料。芫荽籽的清香與葉子截然不同，讓人印象深刻，還具備增加咖哩稠度的作用。

小茴香

1 小匙。小茴香香氣濃郁，堪稱是咖哩經典香料。不少食譜直接使用原型種子，不過書中主要使用小茴香粉。

可任意添加的食材

肉類‧雞蛋

肉類果然是咖哩的經典食材，除了雞、豬、牛，羔羊或羊肉做的香料咖哩也十分推薦！

蔬菜‧豆類

鮮蔬或豆類做成的咖哩，簡單又美味，可以自成一道佳餚，亦可與肉類或海鮮搭配組合。

海鮮

香料咖哩與海鮮也十分對味，不管是魚肉切片還是整尾魚都合適，冷凍綜合海鮮或魚罐頭也很方便。

湯底

煮咖哩的水分，除了水以外，還可以使用牛奶、優格、椰奶、鮮奶油等。

part

1

咖哩製作程序

在我們大致了解一人份香料咖哩所需食材及廚房用具後，接下來便是實作方法。首先，必須先煮咖哩醬，再以咖哩醬為基底，烹煮我們實際享用的咖哩。這是本書所有咖哩的通用程序，只要掌握這道流程，製作任何咖哩都會易如反掌。

製作基底的咖哩醬

Step 1：前置處理

本步驟所需食材

洋蔥 1顆　　　番茄 1顆

切洋蔥末。洋蔥對半剖開後平放，刀面與砧板平行
橫切2至3刀，再沿纖維走向，縱向切細條，最後從
頭部切成細末。

蒜頭1瓣、薑1節。基
本上薑與蒜頭同樣大
小，削皮後切碎使用。

煮咖哩醬的第一道程序，是食材的前置處理。洋蔥、蒜、薑切成細末，番茄切碎。洋蔥末切得愈細，愈快炒熟，且可增加咖哩的黏稠度。

蒜頭 1瓣

薑 1節

在前置處理時，如果有手動蔬果刨絲器會十分方便。

建議完成所有備料後，再進入下一道程序。切好的食材分裝在碗或盤中，方便倒入平底鍋。

Step 2：炒蔬菜

本步驟所需食材

沙拉油
1大匙

蒜蓉

1 於大口徑的平底鍋中倒油熱鍋，放入薑、蒜，以小火拌炒1至2分鐘，炒出香氣。

2 加入洋蔥後轉大火。一開始先不用過度攪拌，待洋蔥上色後，再以刮鍋底的方式拌炒，避免燒焦。

炒洋蔥是煮咖哩醬最重要的一環,全程用大火炒10分鐘,炒到最後,你可能不禁懷疑:有必要炒成這樣嗎?!但本步驟的關鍵就是「不要怕炒焦」!顏色愈是焦黃,愈能炒出洋蔥的濃郁和香甜。

薑末

洋蔥末

3 邊緣燒焦也沒關係。總之就是不斷翻炒,邊炒邊刮起沾黏在鍋底及鍋邊上的洋蔥。

4 洋蔥翻炒至水分收乾,變得像深褐色的濃稠咖哩醬,時間大約10分鐘。火候因平底鍋的種類而異,建議根據顏色來判斷。

Step 3：加入番茄

本步驟所需食材

番茄塊

1 放入番茄，略為混拌後，維持大火煮約1分鐘，待番茄逐漸熟軟。

2 番茄開始熟軟後，用鍋鏟壓扁。此步驟容易燒焦，所以必須邊炒邊刮平底鍋底。

加入番茄塊，番茄熟軟後，一邊用鍋鏟壓扁，一邊與洋蔥翻炒混拌。注意水分減少後容易燒焦！番茄亦可改用罐頭番茄。新鮮番茄的味道較為清爽，罐頭番茄則較為濃郁甘甜。

亦可改用1/2罐的罐頭番茄（200g）。
罐頭可事先購買存放，十分便利。
剩餘的罐頭可冷凍保存。

3 若感覺快燒焦，亦可轉中火持續翻炒，直到食材收汁。炒成醬泥，本步驟即完成。

Step 4：加入香料

本步驟所需食材

薑黃粉
1小匙

芫荽粉
1小匙

1 香料入鍋後容易燒焦，建議加香料前先轉成小火。

2 3種香料及鹽皆為1小匙。全數放入鍋中，以小火翻炒約1分鐘即可。

加入香料與鹽。本書使用薑黃、芫荽、小茴香3種香料粉，份量皆為1小匙（增減要訣請見P.36）。轉小火後再加香料，邊炒邊混拌均勻。

小茴香粉
1小匙

鹽
1小匙

3 完成的咖哩醬香味撲鼻，充滿洋蔥與番茄的甘甜！

FIN

Step 5：保存

本步驟所需食材

完成的咖哩醬

食物保鮮袋・保存容器

26

本書中製作的咖哩醬為兩人份。製作咖哩後剩餘的一人份醬料，或事先多準備的預製醬料，建議放入食物保鮮袋或保存容器中，以冷藏或冷凍保存。冷藏可保存一星期，冷凍建議在一個月內用完。

冷凍

冷凍時，建議使用冷凍保鮮袋。事先在袋子中間壓出一道一半份量的壓痕再冷凍，更便於使用。或可用保鮮膜分裝每次使用的份量。

冷藏

冷藏保存時，建議使用附蓋的保鮮盒，醬料較不容易乾燥。醬料氣味較重，所以有附密封蓋的容器較為合適。

回顧咖哩醬的製作程序
一起做做看
印度茄子肉燥

在此我以印度茄子肉燥（Baingan Keema）為例，示範使用咖哩醬製作香料咖哩的基本程序。「baingan」的意思是茄子，「keema」指肉燥。新鮮香料的香味，搭配茄子吸飽肉汁的水嫩美味！配飯或麵包都很適合。

首先 煮咖哩醬

食材

洋蔥	1顆
番茄	1顆
蒜頭	1瓣
薑	1節
沙拉油	1大匙
芫荽粉	1小匙
小茴香粉	1小匙
薑黃粉	1小匙
鹽	1小匙

① 洋蔥、蒜頭、薑切細末。番茄切碎。

② 於平底鍋中加油,以小火熱鍋,放入蒜蓉、薑末拌炒。

③ 炒出香氣後,放入洋蔥,轉大火,一邊刮起黏在鍋底的食材,一邊拌炒。

④ 待所有食材收汁,洋蔥炒成焦化的深褐色後,加入番茄,維持大火拌炒直到鍋中水分收乾。

⑤ 轉小火,將3種香料及鹽全數加入,翻炒約1分鐘,混拌均勻。

食材

絞肉	100g
茄子	1根
咖哩醬	一半預製醬料
優格	100㎖

作法請見下一頁!☞

實作：製作印度茄子肉燥

Step **1**

炒肉與蔬菜

本書食譜大致都是「炒食材、混拌咖哩醬、加湯底熬煮」
這三道流程。印度茄子肉燥是依序放入絞肉及切成圓片
的茄子拌炒。絞肉請依喜好挑選，雞肉、豬肉、牛豬混合
絞肉皆可。

本步驟所需食材

絞肉
100g

茄子圓切片
約1根

1 平底鍋無須加油，直接放入絞肉，開大火。

2 拌炒約1分鐘，直到絞肉表面變白。避免過度拌炒，以維持適度口感。

3 放入茄子，兩面煎燒約2分鐘，使其吸附絞肉的油脂。

4 在此階段，食材無須完全熟透。

實作：製作印度茄子肉燥

Step 2
加咖哩醬

P.18起介紹的咖哩醬食譜份量為兩人份，因此製作一人份咖哩時，只會用到一半份量。將咖哩醬放入平底鍋中，與食材混拌均勻。此步驟主要目的在將咖哩醬與食材混拌，所需時間不長。事先冷凍的咖哩醬可自然解凍，或利用微波爐解凍。

本步驟所需食材

1/2份咖哩醬

1 將一半（一人份）事先做好的咖哩醬放入平底鍋中，火候維持大火。

2 以大火拌炒約1分鐘，使食材與咖哩醬充分混合。

Step 3

倒入湯底烹煮

印度茄子肉燥使用優格為湯底。將100ml優格倒入平底鍋中，混拌後轉小火，蓋鍋蓋烹煮。咖哩肉燥醬的烹煮時間不長，如果雞肉等食材比較大塊，小火煮約5分鐘即可熟透。最後試試味道，若感覺味道不夠，多半是因為「不夠鹹」，請適量加一小撮鹽。

本步驟所需食材

優格100㎖

1　加入優格，維持大火，將整體混拌均勻。

2　烹煮時轉小火，蓋鍋蓋燜煮1至2分鐘，使食材熟透。

FIN

3　食材熟透後，請務必試味道！鹽是咖哩成功的關鍵。感覺味道不夠時，加一小撮鹽。

香料咖哩的
烹飪技巧與應用

使用3種香料製作的一人份香料咖哩，沒有嚴格的制式規定，因此不妨以本書食譜為參考，在食材、湯底的選擇多做變化，應用各種辣度及風味，享受個人特調香料咖哩的樂趣。

香料與鹽的
作用

小茴香粉

在1/2至2小匙的範圍內做調整，可增減咖哩的異國香味。

芫荽粉

在1/2至2小匙的範圍內做調整。芫荽量較多時，清香更明顯，也會增加天然的稠度。

本書的咖哩醬只用了3種基本香料。光是將食譜中統一為各1小匙的香料份量稍作應用，就能調製出千變萬化的咖哩風味，所以不妨在右側香料簡介的建議範圍內，大膽嘗試各種調配比例！當你從中完成「這就是我家咖哩的味道！」時，相信你也和我一樣早已臣服在香料咖哩的世界裡。

薑黃粉

在1/2至1小匙的範圍內做調整。但須留意，薑黃份量超過1小匙時，整體土味較重。

鹽

自製香料咖哩，當你感覺不夠味或香氣不足時，多半是因為鹽加得不夠多。鹽可以提味，引出食材的甘甜與醍醐味。

本書使用相同的咖哩醬,利用食材與湯底的變化組合,創造出多種口味的香料咖哩。光是以雞腿肉製作的咖哩雞,就有以水為湯底的茄汁咖哩雞、以牛奶為湯底的瑪莎拉香料雞,以及以鮮奶油加奶油做成的奶油雞3種。相同食材,可以做出外觀、味道截然不同的咖哩。書中所介紹的食譜,不過是其中幾種搭配。自行發揮創意組合,也是自製香料咖哩的樂趣所在。

茄汁咖哩雞　　　　　瑪莎拉香料雞　　　　　奶油雞

湯底	特色	選用食材可製作的咖哩
水	咖哩口感清爽,可仔細品嘗咖哩醬的風味和食材的原始美味	雞肉➡茄汁咖哩雞 豬肉➡檸檬豬(＋檸檬) 菠菜、蕈菇➡菠菜洋菇咖哩 竹筴魚➡竹筴魚咖哩
優格 (無糖)	可增添溫和酸味及濃稠度。優格含脂量較高時,風味更濃厚	茄子加絞肉➡印度茄子肉燥 絞肉➡咖哩肉燥醬 羔羊肉➡羊肉咖哩 鮪魚罐頭➡鮪魚咖哩
牛奶	牛奶烹煮的咖哩口感比鮮奶油清淡爽口,亦可用豆漿或杏仁奶替代	雞肉➡瑪莎拉香料雞 水煮蛋➡蛋咖哩 鷹嘴豆➡瑪莎拉香料鷹嘴豆 綜合海鮮➡海鮮咖哩
鮮奶油	餐廳常見的濃郁風格,若使用含脂量較高的鮮奶油,口感更滑順	雞肉➡奶油雞(＋奶油) 牛肉➡印度燉牛肉 南瓜➡南瓜咖哩
椰奶	市面椰奶有罐裝和粉末2種,溫潤的濃稠度與椰香,與香料十分搭配	雞翅➡椰香咖哩雞 綜合豆➡綜合豆咖哩 茄子➡茄子咖哩 鯖魚➡鯖魚咖哩

調整
辛辣程度

咖哩可以透過紅辣椒與黑胡椒2種香料來調整辣度。這些辛辣香料可直接加入咖哩醬中,或在最後完成時添加。一人份可從1/8小匙開始逐步增加,加滿1小匙就會變得非常辛辣,請依個人喜好調整。當然也可以用原型辣椒與食材一起拌炒。黑胡椒細粉辛辣味較重,研磨粗粒則香味更勝。

紅辣椒粉
「卡宴辣椒粉」
「辣椒粉」等

紅辣椒
「辣椒」
「朝天椒」

黑胡椒
「黑胡椒粒」

嗜辣的朋友,不妨直接在咖哩醬中一次加足量的辣椒粉,做成辣味咖哩醬。

芥末籽

小茴香籽

小荳蔻

八角

丁香

肉桂

正宗的香料咖哩，會同時使用原型種子或樹皮等原型香料，及磨成粉狀的香料粉。當然，不使用原型香料也能製作咖哩，然而單單在咖哩中添加少數幾顆原型香料，就能增添截然不同的風味，令人驚艷。原型香料大多在調理一開始，便以熱油爆香使用。我會在每一道咖哩食譜中，額外介紹推薦的原型香料。

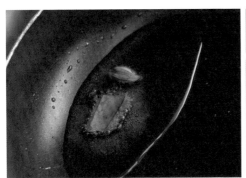

於平底鍋中加油（1小匙），以小火溫熱，放入香料，維持小火慢煮。建議將平底鍋微傾，使香料充分浸潤在油中。

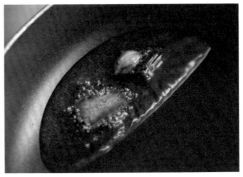

加熱約1分鐘，待小荳蔻或丁香膨脹、芥末籽彈跳、小茴香籽起泡後，即可進入炒食材的步驟。

芫荽

薑

檸檬

葫蘆巴葉

黑胡椒

各種香料
的排列組合

芫荽是香料咖哩中最常見的香料，不僅香氣引人入勝，翠綠的顏色也令人食慾大開，可依喜好切碎或切粗段，若再搭配印度當地完成時常用的香草「葫蘆巴葉」，香味更勝！在香料店可以買到乾燥的葫蘆巴葉。希望口味更清爽時，不妨利用檸檬或薑來增加變化。撒上現磨的黑胡椒粉，辣味與辛香味瞬間倍增。

竹筴魚咖哩多半會搭配檸檬與芫荽等配料，擠上新鮮檸檬汁，咖哩味道瞬間截然不同。

爽口的薑香可減輕肉類咖哩的油膩，不妨切成薑絲使用。

MORE!

MORE!

我想大口吃肉！

以下介紹的食譜中，肉類份量大多在100g至150g左右，亦可依喜好增加份量，充分享受大口吃肉的快感。

MORE!

一人份不夠！

不妨以書中食譜份量為基礎，自行增加1.5倍、2倍，甚至3倍的份量。湯底用量可根據食材多寡增減，唯須留意水分太少時容易燒焦！

MORE!

我愛吃肉，也愛吃蔬菜！

食材不限於單品，可依喜好於肉類咖哩中增添一種蔬菜。如果主菜是肉類咖哩，不妨搭配一些香料蔬食小菜（P.88）。

MORE!

秤重好麻煩！

香料咖哩的難度較低，即使份量稍有不同，也很少會失敗，不過製作基底的咖哩醬時，在徹底掌握以前，香料和鹽都應秤重為宜。

MORE!

咖哩愈辣我愈愛！

每個人對辣的忍受程度不同。本書的食譜基本上以不辣的香料咖哩為主，小朋友亦可食用，若想添加辣味，請參照P.38。

MORE!

我希望香味更濃一些！

想要感受更豐富香味的朋友，不妨使用原型香料，用法請參照P.39，我也會在每一道食譜的頁面介紹合適的原型香料。

不論你是大胃王，還是無辣不歡，
香料咖哩一定能滿足所有人的要求！

part

2

肉類咖哩

提到咖哩食材,大家最愛的果然還是大口吃肉!我在本章準備了一系列以肉為主角的食譜,雖然雞、豬、牛各有所好,但不論用什麼肉,都一樣美味可口。同樣的雞肉,也能變化出多種不同風味的咖哩。「一人份香料咖哩」的第一道菜,就讓我們一起暢快吃肉!

咖哩醬

茄汁咖哩雞

只多加了雞肉和水,
最單純的經典咖哩。

食材

雞腿肉

湯底

水

食材

雞腿肉 ························· 150g
咖哩醬 ························· 一半預製醬料
水 ···························· 100㎖

作法

①雞肉切成適口大小。
②將雞肉放入平底鍋中,開大火拌炒約1分鐘直到雞肉表面變白。
③加咖哩醬,翻炒約1分鐘,使雞肉充分沾裹醬料。
④加水,煮滾後轉小火,蓋上鍋蓋並燜煮約6分鐘,使雞肉熟透。
⑤試味後若感覺味道不夠,可酌量加鹽(食材以外)。
⑥盛盤,佐以切碎的芫荽(食材以外)擺飾。

更道地!原型香料

丁香 ···························1粒
小荳蔻 ·························1粒
八角 ···························1片

用法

於平底鍋中加1小匙沙拉油,以小火熱鍋,放入香料爆香,待小荳蔻整體膨脹,即可接續至上述步驟②。

Arrange
Recipe

應用食譜

平底鍋一鍋到底的

咖哩雞義大利麵

食材與作法

① 於平底鍋中加入茄汁咖哩雞（1人份）與水（300㎖），開中火，將咖哩混拌均勻。

② 煮沸後，將義大利細麵（100g）折半放入鍋中，烹煮至個人喜好的硬度。

③ 最後佐以芫荽（適量）裝飾。

Arrange Recipe

應用食譜

①咖哩與水一起混拌加熱。

②如果平底鍋夠大，麵條無須折半，可直接入鍋。

Arrange 1

☆請根據麵條熟軟程度調整水量！

②將起司烤出焦香即完成。

Arrange 2

搭配烤得焦香的焗烤起司

焗烤咖哩

食材與作法

❶ 於耐熱盤中依序放入溫熱的白飯（1人份）、茄汁咖哩雞（1人份）及起司（適量）。

❷ 以小烤箱烘烤約4分鐘，烤至起司融化，表面金黃。

❸ 可依喜好撒上胡椒粉或乾燥香草粉。

①白飯、咖哩、起司的份量依個人喜好決定。

只需加白飯拌炒

印度風拌飯

Arrange 3

食材與作法

❶ 於平底鍋中加入茄汁咖哩雞（1人份）及白飯（1人份），開中火。

❷ 持續翻炒直到白飯均勻沾裹咖哩，接著撒上胡椒粉（適量）。

❸ 最後佐以檸檬瓣（適量），淋上檸檬汁享用。

②最後撒胡椒粉即完成。

咖哩醬

食材

雞蛋

湯底

水

牛奶

蛋咖哩

白嫩水煮蛋浸潤在咖哩醬裡的豐盛款待，
純樸又美味。

食材

雞蛋 …………………………	1顆
咖哩醬 ………………………	一半預製醬料
水 …………………………	80㎖
牛奶 …………………………	1大匙

作法

①將雞蛋水煮成個人喜愛的熟度。
　＊於蛋白上劃幾刀，更容易入味。
②於平底鍋中加入咖哩醬、水、牛奶，混拌均勻。
③開中火，煮滾後放入水煮蛋，以小火煮約2分鐘。
④試味後若感覺味道不夠，可酌量加鹽（食材以外）。

更道地！原型香料

小荳蔻 ………………………	1粒
丁香 …………………………	1粒

用法

於平底鍋中加1小匙沙拉油，以小火熱鍋，放入香料爆香，
待小荳蔻整體膨脹，即可接續至上述步驟②。

咖哩醬

食材
豬肉

湯底
水

咖哩檸檬豬

柔和的酸味讓人上癮，
清香淡雅的極品咖哩。

食材

豬肉 ⋯⋯⋯⋯⋯⋯⋯⋯⋯	150g
咖哩醬 ⋯⋯⋯⋯⋯⋯⋯⋯	一半預製醬料
水 ⋯⋯⋯⋯⋯⋯⋯⋯⋯⋯	100mℓ
檸檬汁 ⋯⋯⋯⋯⋯⋯⋯⋯	1大匙
砂糖 ⋯⋯⋯⋯⋯⋯⋯⋯⋯	1小匙

作法

① 豬肉切成適口大小。
② 將豬肉放入平底鍋中，開大火拌炒約1分鐘直到豬肉表面變白。
③ 加入咖哩醬，翻炒約1分鐘，使豬肉充分沾裹醬料。
④ 加水、檸檬汁、砂糖，煮滾後轉小火，蓋鍋蓋燜煮約5分鐘，使豬肉熟透。
⑤ 試味後若感覺味道不夠，可酌量加鹽（食材以外）。
⑥ 盛盤，佐以檸檬圓片（食材以外）及芫荽（食材以外）擺飾。依喜好淋上檸檬汁享用。

更道地！原型香料

肉桂 ⋯⋯⋯⋯⋯⋯⋯⋯⋯	1公分
芥末籽 ⋯⋯⋯⋯⋯⋯⋯⋯	1/4小匙

用法

於平底鍋中加1小匙沙拉油，以小火熱鍋，放入香料爆香，待芥末籽開始在鍋中彈跳，即可接續至上述步驟②。
＊小心芥末籽會彈跳噴飛！

咖哩醬

食材

豬五花肉

青椒

瑪莎拉香料豬

不加水的熱炒咖哩，
亦可當餐桌上的單品配菜。

食材

豬五花肉 ····················· 150g
　＊切成肉塊或肉片皆可。
青椒 ························· 2顆
咖哩醬 ····················· 一半預製醬料

作法

①豬肉切成適口大小，青椒縱向切成約1公分寬的條狀。
②將豬肉與青椒放入平底鍋中，開大火拌炒約1分鐘，直到
　豬肉表面變白。
③加入咖哩醬，維持大火拌炒，使豬肉熟透並充分沾裹著
　醬料。
④試吃後若感覺味道不夠，可酌量加鹽（食材以外）。

更道地！原型香料

丁香 ························· 1粒
八角 ························· 1片

用法

於平底鍋中加1小匙沙拉油，以小火熱鍋，放入香料爆香，
待丁香膨脹約一倍大，即可接續至上述步驟②。

咖哩醬

食材

牛肉

湯底

水

鮮奶油

印度燉牛肉

牛肉與鮮奶油交織出讓人難以抗拒的濃郁。
微奢華的單品咖哩。

食材

牛肉 ························· 150g
　　＊煮咖哩用的肉塊、整塊牛排或燒烤肉片皆可。部位則依
　　　個人喜好決定。
咖哩醬 ····················· 一半預製醬料
水 ·························· 70㎖
鮮奶油 ····················· 30㎖

作法

①牛肉切成適口大小。
②將牛肉放入平底鍋中，開大火拌炒約1分鐘，直到牛肉表
　面變白。
③加咖哩醬，翻炒約1分鐘，使牛肉充分沾裹醬料。
④加水，煮滾後轉小火，蓋鍋蓋燜煮約2分鐘，使牛肉熟透。
　肉較厚時，時間可拉長至5分鐘。
⑤加鮮奶油混勻，試味後若感覺味道不夠，可酌量加鹽（食
　材以外）。
⑥盛盤，撒粗黑胡椒粉（食材以外）。

更道地！原型香料

小荳蔻 ····················· 1粒
肉桂 ························ 1公分

用法

於平底鍋中加1小匙沙拉油，以小火熱鍋，放入香料爆香，
待小荳蔻整體膨脹，即可接續至上述步驟②。

咖哩醬

食材

雞翅腿

湯底

水

椰奶

椰香咖哩雞

帶骨肉的口感讓人吮指回味，
搭配椰奶，香濃加倍。

食材

雞翅腿 ························· 3支
　＊亦可用無骨肉或雞腿肉。
咖哩醬 ························· 一半預製醬料
水 ····························· 50㎖
椰奶 ··························· 50㎖

作法

①將雞翅腿放入平底鍋中，開大火乾煎約1分鐘，直到雞肉
　表面變白。
②加咖哩醬，翻炒約1分鐘，使雞翅腿充分沾裹醬料。
③加入水和椰奶，煮滾後轉小火，蓋鍋蓋燜煮約8分鐘，使
　雞肉熟透。
④試味後若感覺味道不夠，可酌量加鹽（食材以外）。

更道地！原型香料

小荳蔻 ························· 1粒
芥末籽 ························· 1/4小匙

用法

於平底鍋中加1小匙沙拉油，以小火熱鍋，放入香料爆香，
當芥末籽開始彈跳，即可接續至上述步驟①。
＊小心芥末籽會彈跳噴飛！

咖哩醬

食材

絞肉

湯底

優格

咖哩肉燥醬

廣受大眾喜愛的咖哩肉燥醬，
就是如此簡單又美味！

食材

絞肉 ····························· 150g

　　＊牛豬混合絞肉、雞、豬、牛等，種類請依喜好任選。

咖哩醬 ······················· 一半預製醬料

優格 ····························· 50g

作法

①將絞肉放入平底鍋中，開大火拌炒約1分鐘，直到肉色逐
　漸轉白。

②加咖哩醬，翻炒約1分鐘，使絞肉充分沾裹醬料。

③加優格，煮滾後轉小火，蓋鍋蓋煮約1分鐘。

④試味後若感覺味道不夠，可酌量加鹽（食材以外）。

⑤盛盤，撒粗黑胡椒粉（食材以外）。

更道地！原型香料

小荳蔻 ························· 1粒

丁香 ····························· 1粒

肉桂 ····························· 1公分

用法

於平底鍋中加1小匙沙拉油，以小火熱鍋，放入香料爆香，
待小荳蔻整體膨脹，即可接續至上述步驟①。

NEXT PAGE

Arrange Recipe

應用食譜

Arrange Recipe

應用食譜

Arrange 1

一次品嘗多種夏季蔬菜

蔬菜肉燥

食材與作法

❶ 將茄子（1/2根）、甜椒（1/2顆）與四季豆（5根）切成適口大小，放入平底鍋中，以大火拌炒。

❷ 蔬菜熟軟後，加入咖哩肉燥醬（1人份）翻炒約1分鐘，與蔬菜充分混勻。

香酥鬆軟的咖哩麵包

熱壓肉燥三明治

食材與作法

❶ 於熱壓三明治機的烤盤上塗抹奶油（適量）。

❷ 先鋪一片吐司，接著依序擺放萵苣（1片）、咖哩肉燥醬（1湯匙滿匙）、起司片（1片），最後放上另一片吐司，即可按操作燒烤至吐司酥脆（以瓦斯爐直接烘烤時，每面各烤約2分鐘）。

Arrange 2

簡單健康，辛香又美味

非油炸肉燥可樂餅

食材與作法

❶ 馬鈴薯（1顆）水煮至熟軟後取出瀝乾水分，粗略搗碎。

❷ 將馬鈴薯泥平鋪在鋁箔紙上厚約1公分，並依序鋪上咖哩肉燥醬（2湯匙）及麵包粉（適量）。

❸ 以小烤箱烘烤約1分鐘，至表面金黃。

Arrange 3

☆ 蘸番茄醬更香濃可口！

① 馬鈴薯亦可用微波爐加熱。

② 以鋁箔紙為底，層層堆疊。

咖哩醬

食材

雞腿肉

湯底

牛奶

瑪莎拉香料雞

腰果增添堅果的香甜與濃郁，
頓時升級成一流餐廳風味！？

食材

雞腿肉 ·························	150g
咖哩醬 ·························	一半預製醬料
牛奶 ···························	100㎖
腰果 ···························	15g

作法

① 雞肉切成適口大小。將腰果放入厚塑膠袋中，以擀麵棍等壓碎。
　＊亦可使用食物調理機或研磨器。
② 將雞肉放入平底鍋中，開大火乾煎約1分鐘，直到雞肉表面變白。
③ 加咖哩醬，翻炒約1分鐘，使雞肉充分沾裹醬料。
④ 放入牛奶及腰果碎粒，煮滾後轉小火，蓋鍋蓋燜煮約6分鐘，使雞肉熟透。
⑤ 試味後若感覺味道不夠，可酌量加鹽（食材以外）。
⑥ 盛盤，佐以切碎的芫荽（食材以外）擺飾。

更道地！原型香料

小荳蔻 ··················	1粒
丁香 ·····················	1粒
肉桂 ·····················	1公分

用法

於平底鍋中加1小匙沙拉油，以小火熱鍋，放入香料爆香，
待小荳蔻整體膨脹，即可接續至上述步驟②。

咖哩醬

食材

羔羊肉

湯底

優格

羊肉咖哩

香料咖哩中不可或缺的美味。

食材

羔羊肉 ························· 150g
　＊方便購買的羊肉皆可,圖片中是使用燒烤用羊肉片。
咖哩醬 ······················· 一半預製醬料
優格 ························· 70㎖

作法

①將羊肉切成適口大小。
②將肉放入平底鍋中,開大火拌炒約1分鐘,直到羊肉表面
　變白。
③加咖哩醬,翻炒約1分鐘,使羊肉充分沾裹醬料。
④加優格,維持大火翻炒約2分鐘,使羊肉熟透。
⑤試味後若感覺味道不夠,可酌量加鹽(食材以外)。
⑥盛盤,以薑絲(食材以外)擺飾。

更道地!原型香料

八角 ························· 1片
肉桂 ························· 1公分

用法

於平底鍋中加1小匙沙拉油,以小火熱鍋,放入香料爆香,加
熱約1分鐘,待飄出香味,即可接續至上述步驟②。

咖哩醬

食材

雞腿肉

湯底

水

鮮奶油

奶油雞

奶油與鮮奶油的雙重奏，
只融於口的香濃美味。

食材

雞腿肉	150g
奶油	10g
咖哩醬	一半預製醬料
水	100㎖
鮮奶油	50㎖

作法

① 雞肉切成適口大小。
② 將奶油放入平底鍋中，開小火。
③ 待奶油融化，即可將肉放入鍋中，轉中火翻炒約1分鐘，直到肉表面變白。
④ 加咖哩醬，翻炒約1分鐘，使雞肉充分沾裹醬料。
⑤ 加水，煮滾後轉小火，蓋鍋蓋燜煮約6分鐘，使雞肉完全熟透。
⑥ 加鮮奶油混勻，試味後若感覺味道不夠，可酌量加鹽（食材以外）。

更道地！原型香料

小荳蔻	1粒
丁香	1粒
肉桂	1公分
八角	1片

用法

將香料放入上述步驟②融化的奶油中，維持小火加熱，待小荳蔻整體膨脹，即可接續步驟③。

電子鍋煮 薑黃炊飯

食材與作法（1杯米）

①把米（1杯米）洗淨後，確實瀝乾水分。

②將米放入電子鍋的內鍋中，水加至1杯米刻度，放入薑黃（少許），粗略攪拌後開始炊煮。

＊請留意薑黃太多的話，會有較重土味。

咖哩之友 **1**

米飯與麵包

Stand By Me

滾水法煮 巴斯馬蒂香米

食材與作法（1杯米）

①將巴斯馬蒂香米（1杯米）快速洗淨，泡水約30分鐘。

②煮一大鍋滾水，煮沸後再將瀝乾水分的香米加入鍋中，煮10分鐘。

③最後以濾網瀝乾水分即完成。

平底鍋輕鬆香烤
印度饢餅

食材與作法（2片）

①於調理碗中放入高筋麵粉（125g）、
　酵母粉（1.5g）、鹽（1g）、砂糖
　（1.5g），混拌均勻。

②加優格（25g）攪拌均勻後，分次倒入
　牛奶（50㎖）混勻，手揉15分鐘。

③麵團開始塑形後，加沙拉油（1/2大
　匙），繼續揉約10分鐘。

④將麵團對半均分並收圓，蓋上濕布，
　在室溫下發酵1小時。

⑤待麵團膨脹約2倍大，即可用手掌塑
　形成均等厚度的麵餅。

⑥平底鍋開火熱鍋，放入麵餅，蓋鍋蓋
　以小火烘烤10秒。

⑦麵餅翻面，蓋鍋蓋烘烤2分鐘，再次
　翻面，蓋鍋蓋烘烤2分鐘即完成。

part

3

蔬菜·豆類咖哩

平時容易淪為配角的蔬菜及豆類，搭配咖哩醬
也能光明正大變身成一道主菜。烹煮時間不長，
可以完整品嘗蔬菜的原味。而且蔬菜咖哩作法
超級簡單，使用家中存放的馬鈴薯或市售水煮
豆，還能節省購物時間。

咖哩醬

食材

鷹嘴豆

湯底

牛奶

瑪莎拉香料鷹嘴豆

咖哩的經典之作,簡單的鷹嘴豆咖哩。
滋味鬆軟又可口。

食材

水煮鷹嘴豆罐頭 ············ 1罐(150g)
咖哩醬 ····················· 一半預製醬料
牛奶 ······················· 2大匙

作法

①將鷹嘴豆連湯汁一起倒入平底鍋中,加咖哩醬、牛奶,開
　大火煮約2分鐘,直到水分蒸發收汁。
②試味後若感覺味道不夠,可酌量加鹽(食材以外)。
③盛盤,佐以芫荽葉(食材以外)點綴。

更道地!原型香料

小荳蔻 ····················· 1粒
小茴香籽 ··················· 1/4小匙

用法

於平底鍋中加1小匙沙拉油,以小火熱鍋,放入香料爆香,小
茴香籽起泡後,即可接續至上述步驟①。

NEXT PAGE
Arrange Recipe
應用食譜

只需搗碎的簡單應用

咖哩鷹嘴豆泥

食材與作法

❶ 將瑪莎拉香料鷹嘴豆（適量）放入碗中，以叉子背面壓成泥，塗抹在蘇打餅上享用。

① 用叉子或搗碎器搗成泥即可。

✿ 搭配長棍麵包也不賴。

Arrange
Recipe

應用食譜

74

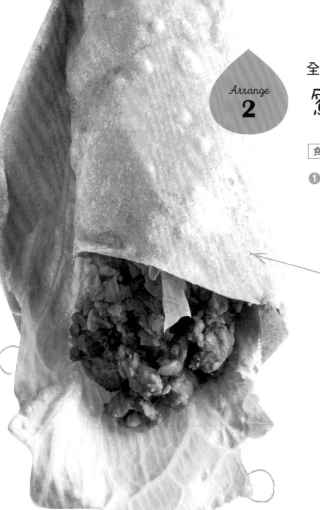

全麥烤餅＋豆咖哩

鷹嘴豆捲

食材與作法

❶以全麥烤餅（1片）為底，依序鋪上
萵苣（1片）及瑪莎拉香料鷹嘴豆
（1湯匙滿匙）後捲起。

①於全麥烤餅鋪上
咖哩及萵苣後捲
起即可享用。

☆使用市售全麥烤
餅或墨西哥薄餅，更
方便簡單。

平底鍋香烤全麥烤餅

食材與作法（約3至4片）

①於調理碗中放入全麥粉（100g）、
沙拉油（1小匙）、鹽（少許），混拌均勻。
②分次加水（75ml）與麵粉混勻，接著仔細手揉麵團。
③將麵團整型，蓋濕布靜置30分鐘。
④將麵團均分成3至4等分並收圓，以擀麵棍塑形成約3mm厚的圓形薄片。
⑤平底鍋熱鍋後轉小火，放入麵皮，兩面各烘烤約1分鐘。

咖哩醬

食材

綜合豆

湯底

水

椰奶

綜合豆咖哩

椰奶就像調和劑，
襯托出豆子的完整風味。

食材

綜合豆（拌沙拉用的熟豆）‥ 1盒（70g）
  ＊未加水的蒸大豆或水煮豆罐頭皆可。
咖哩醬………………………… 一半預製醬料
水 ………………………………… 50㎖
椰奶 ……………………………… 50㎖

作法

① 將綜合豆、咖哩醬、水、椰奶放入平底鍋中，混拌烹煮約2
  分鐘。
  ＊如果使用水煮豆罐頭，請瀝乾水分。
② 試味後若感覺味道不夠，可酌量加鹽（食材以外）。

更道地！原型香料

芥末籽 ………………………… 1/4小匙

用法

於平底鍋中加1小匙沙拉油，以小火熱鍋，放入香料爆香，
當芥末籽開始彈跳，即可接續至上述步驟①。
＊小心芥末籽會彈跳噴飛！

咖哩醬

食材

馬鈴薯

秋葵

湯底

水

馬鈴薯秋葵咖哩

飽足感十足的馬鈴薯塊咖哩，
當配菜也無懈可擊。

食材

馬鈴薯 ·························· 1顆
秋葵 ···························· 4～6根
咖哩醬 ·························· 一半預製醬料
水 ······························ 50㎖

作法

①馬鈴薯削皮切成3公分塊狀，水煮至熟軟（或可用微波爐加熱）。秋葵洗淨後，斜切成2公分長度。
②於平底鍋中放入馬鈴薯、秋葵、咖哩醬，以大火拌炒約1分鐘，使蔬菜充分沾裹醬料。
③加水，攪拌均勻，水滾後煮約1分鐘收汁。
④試味後若感覺味道不夠，可酌量加鹽（食材以外）。
⑤盛盤，佐以數根芫荽（食材以外）。

更道地！原型香料

小茴香籽 ····················· 1/4小匙

用法

於平底鍋中加1小匙沙拉油，以小火熱鍋，放入香料爆香，小茴香籽起泡後，即可接續至上述步驟②。

咖哩醬

食材

茄子

湯底

水

椰奶

茄子咖哩

整根茄子浸潤在咖哩醬中，
飽滿的醬汁美味可口。

食材

茄子	1根
咖哩醬	一半預製醬料
水	50mℓ
椰奶	50mℓ

作法

①茄子連蒂洗淨，縱向以十字切成4等分。
②於平底鍋中放入咖哩醬、水以及椰奶，開中火翻炒，混拌均勻。
③放入茄子，轉大火，煮滾後蓋上鍋蓋，再以小火燜煮約5分鐘。
④茄子翻面繼續煮約3分鐘，直到茄子熟軟。
⑤試味後若感覺味道不夠，可酌量加鹽（食材以外）。

更道地！原型香料

芥末籽	1/4小匙

用法

於平底鍋中加1小匙沙拉油，以小火熱鍋，放入香料爆香，
當芥末籽開始彈跳，即可接續至上述步驟②。
＊小心芥末籽會彈跳噴飛！

咖哩醬

食材

菠菜

洋菇

湯底

水

菠菜洋菇咖哩

自己在家就能輕鬆做出
印度咖哩中人氣最旺的菠菜咖哩!

食材

菠菜 ……………………… 半把（100g）

洋菇 ……………………… 4～6朵

　＊可用罐頭洋菇，亦可改用鴻喜菇或杏鮑菇。

咖哩醬 ……………………… 一半預製醬料

水 ……………………… 50㎖

作法

①菠菜洗淨後切粗段，洋菇去除污垢後對半切開。

②於平底鍋中放入咖哩醬、洋菇，以大火拌炒約1分鐘。

③加水，煮滾後轉小火，煮約1分鐘。

④加菠菜，快速拌炒約1分鐘。

⑤試味後若感覺味道不夠，可酌量加鹽（食材以外）。

更道地！原型香料

丁香 ……………………… 1粒

用法

於平底鍋中加1小匙沙拉油，以小火熱鍋，放入香料爆香，
待丁香膨脹約一倍大，即可接續至上述步驟②。

NEXT PAGE
Arrange
Recipe
應用食譜

增添雞肉清香

菠菜咖哩雞

食材

菠菜 ⋯⋯⋯⋯⋯⋯⋯⋯	半把（100g）
雞肉 ⋯⋯⋯⋯⋯⋯⋯⋯	150g
咖哩醬 ⋯⋯⋯⋯⋯⋯⋯	一半預製醬料
水 ⋯⋯⋯⋯⋯⋯⋯⋯⋯	70㎖
鮮奶油 ⋯⋯⋯⋯⋯⋯⋯	30㎖

＊兩者亦可合計用100㎖牛奶替代。

作法

① 菠菜洗淨後切粗段，雞肉切成適口大小。
② 將雞肉放入平底鍋中，開大火乾煎約1分鐘，直到肉表面變白。
③ 加咖哩醬，拌炒約1分鐘，使雞肉充分沾裹醬料。
④ 加水和鮮奶油，煮滾後轉小火，蓋鍋蓋燜煮約6分鐘。
⑤ 加菠菜，快速拌炒約1分鐘。

更道地！原型香料

小荳蔻 ⋯⋯⋯⋯⋯⋯⋯	1粒
丁香 ⋯⋯⋯⋯⋯⋯⋯⋯	1粒

用法

於平底鍋中加1小匙沙拉油，以小火熱鍋，放入香料爆香，待小荳蔻整體膨脹，即可接續至上述步驟②。

增添蝦味鹹香

菠菜咖哩蝦

[食材]

菠菜 ………………………… 半把（100g）
蝦 ………………………………… 3〜5尾
咖哩醬 ……………………… 一半預製醬料
水 ……………………………… 50㎖
鮮奶油 ……………………… 30㎖
　＊兩者亦可合計用80㎖牛奶替代。

[作法]

①菠菜洗淨後切粗段。蝦尾洗淨，去腸泥。
②於平底鍋中加入咖哩醬、水及鮮奶油混拌
　均勻，開中火。
③放入蝦，煮滾後轉成小火，蓋鍋蓋煮約2
　分鐘。
④加菠菜，拌炒約1分鐘。

更道地！原型香料

小荳蔻 ……………………1粒
丁香 ………………………1粒

[用法]

於平底鍋中加1小匙沙拉油，
以小火熱鍋，放入香料爆香，
待小荳蔻整體膨脹，即可接續
至上述步驟②。

Arrange
2

咖哩醬

食材

南瓜

湯底

水

鮮奶油

南瓜咖哩

鬆軟的南瓜與鮮奶油堪稱絕配好搭檔，
變出綿密辛香的好滋味。

食材

南瓜 ………………………… 150g
　＊亦可使用冷凍南瓜。
咖哩醬 …………………… 一半預製醬料
水 …………………………… 70㎖
鮮奶油 …………………… 30㎖

作法

①南瓜切成略大塊的適口大小，水煮至熟軟（或可用微波爐加熱）。
②於平底鍋中加入南瓜、咖哩醬、水、鮮奶油，開大火，煮滾後轉小火，蓋鍋蓋燜煮約3分鐘。
　＊南瓜粗略搗碎也一樣美味。
③試味後若感覺味道不夠，可酌量加鹽（食材以外）。

更道地！原型香料

肉桂 ………………………… 1公分

用法

於平底鍋中加1小匙沙拉油，以小火熱鍋，放入香料爆香，加熱約1分鐘，待肉桂飄出香氣，即可接續至上述步驟②。

白飯的好搭檔
芫荽綜合菇

食材與作法（1人份）

① 於平底鍋中加芝麻油（1大匙）、蒜蓉（1節）、辣椒（2根），以小火拌炒。

② 炒出蒜香後，放入喜愛的蕈菇（1包）、鹽（少許），翻炒約2分鐘直到蕈菇熟軟。

③ 關火，加入切碎的芫荽（適量），稍作混拌即完成。

香氣四溢的
薑黃青椒炒蛋

食材與作法（1人份）

① 青椒（1顆）橫向切成約2公分寬，雞蛋（1顆）打散，加入薑黃（少許）混拌均勻。

② 於平底鍋中加沙拉油（1大匙）與蒜蓉（1節），以小火拌炒。

③ 炒出蒜香後，加青椒翻炒約1分鐘。

④ 加鹽（1/4小匙）及蛋液，關火，以餘溫拌炒。

＊撒白芝麻，美味更勝。

咖哩之友 2

香料小菜

Stand By Me

小茴香
香味撲鼻的
豆苗炒油豆腐

① 於平底鍋中加入沙拉油（1小匙），開小火，接著放入小茴香籽（1/4小匙）及薑絲（少許）。

② 小茴香起泡後，加入切成適口大小的油豆腐（1枚），慢火煎燒。

③ 加豆苗（半把）及鹽（1/4小匙），翻炒約30秒。

鬆軟甘甜的
香料肉桂
甜番薯

食材與作法（1人份）

① 將番薯（1根）切成約2公分塊狀。

② 於鍋中加入番薯、水（150㎖）、牛奶（100㎖）、肉桂（1公分），開小火，蓋鍋蓋燜煮約10分鐘，直到番薯變得熟軟。

③ 加砂糖（2大匙）混拌均勻，並將番薯粗略搗碎。

＊亦可淋少許檸檬汁，更爽口。

part

4

海鮮咖哩

海鮮咖哩在日本比較不常見,但在印度等香料咖哩國家其實相當普遍。無論是使用方便的鯖魚罐頭或鮪魚罐頭,還是豪邁地加入整條魚,都同樣美味!海鮮湯頭煮出的咖哩,與我們常吃的咖哩風味截然不同。

咖哩醬

食材

鯖魚罐頭

湯底

椰奶

鯖魚咖哩

大眾喜愛的鯖魚罐頭與咖哩也十分對味！
連湯汁一起烹煮，品味鯖魚湯頭的鹹香。

食材

水煮鯖魚罐頭 ⋯⋯⋯⋯⋯ 1罐
咖哩醬 ⋯⋯⋯⋯⋯⋯⋯ 一半預製醬料
椰奶 ⋯⋯⋯⋯⋯⋯⋯⋯ 50㎖

作法

①於平底鍋中放入咖哩醬、鯖魚罐頭的湯汁，開中火，混拌均勻。
②加椰奶，輕柔地倒入鯖魚肉，煮滾後轉小火，蓋鍋蓋燜煮約2分鐘。
③試味後若感覺味道不夠，可酌量加鹽（食材以外）。
④盛盤，佐以切碎的芫荽（食材以外）擺飾。

更道地！原型香料

芥末籽 ⋯⋯⋯⋯⋯⋯⋯ 1/4小匙

用法

於平底鍋中加1小匙沙拉油，以小火熱鍋，放入香料爆香，當芥末籽開始彈跳，即可接續至上述步驟①。
＊小心芥末籽會彈跳噴飛！

NEXT PAGE

Arrange
Recipe

應用食譜

Arrange
1

令人驚喜的意外組合!

鯖魚咖哩沾麵

食材與作法

❶素麵（2把）以滾水燙熟後，泡冷水清
洗，瀝乾水分盛盤，蘸溫熱的鯖魚咖哩
（適量）一起食用。

①佐以芫荽更清香。

94

① 將撥碎的咖哩鯖魚與起司一起鋪在飯上。

② 以微波爐加熱,待起司融化即完成。

超級簡單!無敵極品!

鯖魚咖哩起司

Arrange
2

食材與作法

❶ 盛一碗薑黃飯(1人份),將鯖魚咖哩(1人份)中的鯖魚肉撥碎,連同咖哩一起鋪放在飯上,撒可融化的起司(適量)。

❷ 以微波爐加熱使起司融化,最後撒粗黑胡椒粉(食材以外)即完成。

＊亦可搭配白飯。

95

part 4
海鮮咖哩

咖哩醬

食材

綜合海鮮

湯底

牛奶

海鮮咖哩

利用冷凍綜合海鮮，
輕鬆享受各式海味。

食材

綜合海鮮（冷凍）………… 70g
咖哩醬 ……………………… 一半預製醬料
牛奶 ………………………… 100㎖

作法

①於平底鍋放入咖哩醬、牛奶，開中火，混拌均勻。
②加綜合海鮮，煮滾後轉小火，蓋鍋蓋燜煮約3分鐘。
③試味後若感覺味道不夠，可酌量加鹽（食材以外）。

更道地！原型香料

芥末籽 ……………………… 1/4小匙

用法

於平底鍋中加1小匙沙拉油，以小火熱鍋，放入香料爆香，
當芥末籽開始彈跳，即可接續至上述步驟①。
＊小心芥末籽會彈跳噴飛！

咖哩醬

食材

竹筴魚

湯底

水

竹筴魚咖哩

檸檬襯托出整體的鮮香，
整條魚上菜的豪邁咖哩。

食材

竹筴魚 ························· 1尾
　＊亦可選用沙丁魚。
咖哩醬 ························· 一半預製醬料
水 ····························· 150㎖
檸檬汁 ························· 1大匙

作法

①竹筴魚去頭，清除內臟。
②於平底鍋放入咖哩醬、水，開中火，混拌均勻。
③放入竹筴魚，淋上檸檬汁，煮滾後轉小火，蓋鍋蓋燜煮約
　5分鐘。
④竹筴魚翻面，再燜煮約3分鐘，使魚肉熟透。
⑤試吃後若感覺味道不夠，可酌量加鹽（食材以外）。
⑥盛盤，佐以切成小塊的檸檬丁（食材以外），撒上芫荽末
　（食材以外）即完成。

更道地！原型香料

丁香 ··························· 1粒
八角 ··························· 1片

用法

於平底鍋中加1小匙沙拉油，以小火熱鍋，放入香料爆香，
待丁香膨脹約一倍大，即可接續至上述步驟②。

咖哩醬

食材

鰤魚

湯底

水

椰奶

鰤魚咖哩

鰤魚、椰奶加檸檬，
酸甜好滋味我最愛！

食材

鰤魚切片	1片
咖哩醬	一半預製醬料
水	100㎖
椰奶	50㎖
檸檬汁	1大匙
砂糖	1小匙

作法

①除魚片以外，將所有食材放入平底鍋中，開中火，混拌至均勻。
②放入魚片，煮滾後轉小火，蓋鍋蓋燜煮約5分鐘。
③魚片翻面，再燜煮約3分鐘，使魚肉熟透。
④試吃後若感覺味道不夠，可酌量加鹽（食材以外）。
⑤盛盤，佐以厚切的檸檬圓片（食材以外）。

更道地！原型香料

小荳蔻 1粒

用法

於平底鍋中加1小匙沙拉油，以小火熱鍋，放入香料爆香，
待小荳蔻整體膨脹，即可接續至上述步驟①。

咖哩醬

食材

鮪魚罐頭

湯底

優格

鮪魚咖哩

一個鮪魚罐頭便滋味無窮，
超級簡單但保證美味。

食材

鮪魚罐頭（油漬） ………… 1罐
咖哩醬 …………………… 一半預製醬料
優格 ……………………… 1大匙

作法

①鮪魚罐頭連同湯汁放入平底鍋中，加咖哩醬、優格後混
　拌，以中火翻炒約2分鐘。
②試吃後若感覺味道不夠，可酌量加鹽（食材以外）。
③盛盤，佐以芫荽葉（食材以外）即完成。

更道地！原型香料

小荳蔻 …………………… 1粒
芥末籽 …………………… 1/4小匙

用法

於平底鍋中加1小匙沙拉油，以小火熱鍋，放入香料爆香，
當芥末籽開始彈跳，即可接續至上述步驟①。
＊小心芥末籽會彈跳噴飛！

①只需將咖哩及喜愛的蔬菜鋪放在麵包上即可完成，加起司也很讚。

Arrange Recipe

應用食譜

Arrange 1

咖哩版本的鮪魚吐司

鮪魚吐司

食材與作法

❶吐司塗抹奶油，鋪上番茄、小黃瓜、鮪魚咖哩（以上皆適量）。

☆亦可夾奶油餐包，或鋪在法棍切片上。麵包種類可依喜好變換。

馬鈴薯與咖哩鮪魚風味的完美組合

咖哩鮪魚馬鈴薯沙拉

食材與作法

❶ 馬鈴薯（1顆）削皮切成3公分塊狀，胡蘿蔔（1/3根）切成2公分塊狀，分別水煮至熟軟。

❷ 把煮熟的馬鈴薯與胡蘿蔔瀝乾水分，放入調理碗中，加鮪魚咖哩（一湯匙滿匙）、美乃滋（1小匙），混拌均勻。

① 蔬菜煮熟備用，亦可用微波爐加熱。

② 加咖哩與美乃滋，混拌均勻。

③ 亦可依喜好淋檸檬汁或撒胡椒粉。

☆ 馬鈴薯搗碎也同樣美味。

咖哩之友 **3**

飲品

Stand By Me

配咖哩的經典飲料 原味拉昔

食材與作法（1杯）

① 優格（100㎖）、水（50㎖）、砂糖（1大匙）放入容器中，充分攪拌均勻。

食材與作法（1杯）

① 香蕉（1根）以叉子背面先壓成泥狀。

② 將香蕉泥、優格（80㎖）、水（50㎖）、砂糖（1小匙）放入容器中，攪拌均勻。

＊若有食物調理機，將所有食材放入攪拌均勻，更簡單方便。

香濃滑順的 香蕉拉昔

①將茶葉（1大匙）、水（80ml）放入小鍋中，以小火煮約5分鐘。
②瀝去茶葉，接著加入牛奶（160ml）煮滾。
③依喜好加糖。

＊建議用阿薩姆茶。

讓人平心靜氣的 熱印度茶

酸甜可口的 草莓拉昔

食材與作法（1杯）

①草莓（5顆約70g）以叉子背面壓成泥狀。
②將草莓泥、優格（100ml）、水（30ml）、砂糖（1大匙）放入容器中，攪拌均勻。

＊若有食物調理機，將所有食材放入攪拌均勻，更簡單方便。

應用！

香氣四溢的 瑪莎拉香料茶

於上述步驟①的小鍋中加1片薑片，小荳蔻、丁香各一粒及1公分的肉桂，以小火煮5分鐘。在加牛奶之前，先取出所有香料，即可接續上述步驟②。

Q&A

哪裡買得到香料？

A　本書使用的香料大多可在超市購得。一般以小瓶玻璃罐裝商品居多，如果用量較大，不妨直接前往香料店選購。若居家附近沒有實體店面，網購很方便。印度咖哩子香料鋪（https://indocurry.thebase.in）提供少量香料組及特定食譜配方的香料組合。

香料如何保存？
保存期限多久？

A　香料可密封後常溫保存在陰暗乾燥處，唯獨小荳蔻，夏天建議冷藏保存。袋裝香料建議改以密封罐保存，市面上有香料專用的密封瓶、密封罐等。粉狀的香料容易失去香氣，建議開罐後盡早使用完畢。

煮出的咖哩很稀，
一點都不濃稠!?

A　應該是洋蔥炒得不夠徹底。洋蔥丁如果切得太大塊，很難炒出咖哩所需的熟度，所以洋蔥盡量切成碎丁，並確實拌炒至深褐色。此外，加入番茄後，要確實混拌成均勻的泥狀。

咖哩如果偏稀，與米飯混拌一起，讓米飯吸收多餘水分，變得更鬆軟，一樣可口美味。或是咖哩可以煮久一點，使水分蒸發，不過食材可能會過熟。

煮到燒焦了？

A　如果是洋蔥燒焦，不用太擔心，但如果是鍋底沾黏燒焦，盡量不要讓燒焦物混入咖哩中。要使平底鍋不燒焦，訣竅在於以鍋鏟刮鍋底的方式炒洋蔥。此外，如果不介意油一點，不妨增加油量，會更容易拌炒。

咖哩燒焦多半是火候太強、煮太久或湯底的水分不夠，如果份量及時間都是按食譜指示，不妨多注意火候。

鮮奶油及椰奶沒用完，
該如何處理？

A　兩者皆可冷凍保存。建議存放在密封容器中，以防氣味沾染到其他食物，並盡量在一個月內用完。以矽膠盒或製冰盒分格冷凍一次用量，使用更方便。兩者皆可自然解凍使用。

IH爐也能煮咖哩嗎？

A　IH爐也能煮咖哩。咖哩醬的洋蔥以最強火力拌炒即可，所以用IH爐煮咖哩完全沒問題。

有食材不適合煮
香料咖哩嗎？

A　基本上沒有，咖哩意外的與任何食材都很對味。食材味道如果較為濃郁（如蕈菇類、青魚、山茼蒿等），不妨用鮮奶油或椰奶等脂質豐富的湯底，味道會更融合。

如果要煮兩人份以上，
份量純粹乘以倍數就好嗎？

A　咖哩醬、食材、湯底依照人數份量加倍即可，不過以水為湯底時需稍加留意。平底鍋加熱時的水分蒸發量基本上固定不變，所以如果單純按人數加倍，可能會加太多水。因此以水為湯底時，可先增加少許水量，再視情況調整。

如何才能煮出好吃的咖哩？

A　確實將洋蔥炒熟至深褐色，以及利用鹽來調和味道。只要掌握這兩個重點，不用另外加高湯或雞湯塊，也一定能煮出道地美味的咖哩。

就近買不到椰奶，
可以改用其他湯底嗎？

A　杏仁奶、牛奶＋腰果粉、鮮奶油等都可以做出差不多的濃稠度。

我不喜歡蒜頭，
可以不加蒜嗎？

A　不加蒜也能煮咖哩，但加了蒜頭絕對更美味。不過不喜歡蒜味的朋友，不用勉強加蒜。煮成咖哩時，蒜味其實並不明顯，不妨試煮一次，品嘗比較一番。

我不懂原型香料「膨脹」
是什麼意思？

A　當香料用油鍋以小火加熱時，你若仔細觀察，一定能看出香料逐漸膨脹的情況。如果看不出所以然，或許只是加熱得還不夠。等待的時間其實比你想像中的要長。

你有推薦的平底鍋，
煮咖哩醬比較不容易燒焦嗎？

A　一般氟素加工樹脂的不沾平底鍋應該都不會炒到燒焦，我並沒有使用特殊的鍋子。醬料黏鍋或燒焦，問題多半不在平底鍋，而是拌炒方式，請務必以刮鍋底的方式翻炒。

TAKE IT
EASY!

結語

「香料有好多種類，我不知道該如何調配。」

不論是何種香料咖哩，基本原理都一樣。
香料的作用在於賦予香氣，而不是味道。不用加很多，也能讓菜餚香味十足。所以當你感覺味道不夠時，問題其實不在香料，而是因為鹽放得不夠。鹽是香料咖哩好吃與否的關鍵，香料只提供香味，請務必牢記這一點。

此外，在調和香料之前，食材與湯底的挑選很重要。
不妨先試著將食譜書中咖哩雞的雞肉，換成牛肉、海鮮或豆類。藉由這種方式，可以協助你輕鬆創作新口味的咖哩。

但切記，如果太貪心，東加一點、西加一點，放進太多食材，最後可能會煮出一道燉菜。所以請依喜好適量挑選1～2種食材，循序漸進的嘗試各種應用。

就算不小心失敗，頂多也就「一人份」，所以不用太擔心會造成浪費。而且嘗試挑戰，反而有機會遇見不同的美味。

最後，咖哩沒有所謂的正確答案。

重點不在於忠實呈現食譜中的每一道菜色，而是發現你喜歡什麼樣的咖哩口味。如果你透過翻閱、分析食譜，並以自己的方式製作出美味菜色，那就是你的完美解答。

誠摯希望從今日起，你能在家中遇見各種樣貌的全新咖哩。

10分鐘x3步驟x3香料
的常備咖哩

小份量也OK！
45道省時又簡單的美味咖哩，
讓 新手 一人 也能輕鬆 上桌

作者印度咖哩子（印度 カリー子）
譯者林姿呈
主編唐德容
責任編輯黃雨柔
封面設計羅婕云
內頁美術設計林意玲

發行人何飛鵬
PCH集團生活旅遊事業總經理暨社長李淑霞
總編輯汪雨菁
行銷企畫經理呂妙君
行銷企劃專員許立心

出版公司
墨刻出版股份有限公司
地址：台北市104民生東路二段141號9樓
電話：886-2-2500-7008／傳真：886-2-2500-7796
E-mail：mook_service@hmg.com.tw
發行公司
英屬蓋曼群島商家庭傳媒股份有限公司城邦分公司
城邦讀書花園：www.cite.com.tw
劃撥：19863813／戶名：書虫股份有限公司
香港發行城邦（香港）出版集團有限公司
地址：香港灣仔駱克道193號東超商業中心1樓
電話：852-2508-6231／傳真：852-2578-9337
城邦（馬新）出版集團 Cite (M) Sdn Bhd
地址：41, Jalan Radin Anum, Bandar Baru Sri Petaling, 57000 Kuala Lumpur, Malaysia.
電話：(603)90563833／傳真：(603)90576622／E-mail：services@cite.my
製版·印刷漾格科技股份有限公司
ISBN978-986-289-835-2 · 978-986-289-836-9（EPUB）
城邦書號KJ2087 **初版**2023年5月
定價380元
MOOK官網www.mook.com.tw
Facebook粉絲團
MOOK墨刻出版 www.facebook.com/travelmook
版權所有·翻印必究

日方Staff
攝影新居明子
藝術總監、設計、插圖吉池康二（アトズ）
編輯たむらけいこ、稻葉豐（山と溪谷社）

＊本書內容無論部分或是全部，皆禁止未授權的複印、轉載、上傳、散播、公開傳播等行為。針對本書內容的未授權修改、更動、商業行為亦全面禁止。再者，無論有償或是無償，本書皆無法授權他人。

國家圖書館出版品預行編目資料

10分鐘x3步驟x3香料的常備咖哩：小份量也OK!45道省時又簡單的美味咖哩,讓新手、一人也能輕鬆上桌/印度カリー子作/林姿呈譯. -- 初版. -- 臺北市：墨刻出版股份有限公司出版：英屬蓋曼群島商家庭傳媒股份有限公司城邦分公司發行, 2023.03
112面；16.8×23公分. -- (SASUGAS；87)
譯自：ひとりぶんのスパイスカレー
ISBN 978-986-289-835-2(平裝)
1.CST: 食譜
427.1   112001002